Adel Amar Amouri

Conceitos básicos de melhoramento vegetal e engenharia genética

Adel Amar Amouri

Conceitos básicos de melhoramento vegetal e engenharia genética

ScienciaScripts

Imprint
Any brand names and product names mentioned in this book are subject to trademark, brand or patent protection and are trademarks or registered trademarks of their respective holders. The use of brand names, product names, common names, trade names, product descriptions etc. even without a particular marking in this work is in no way to be construed to mean that such names may be regarded as unrestricted in respect of trademark and brand protection legislation and could thus be used by anyone.

Cover image: www.ingimage.com

This book is a translation from the original published under ISBN 978-613-9-54777-7.

Publisher:
Sciencia Scripts
is a trademark of
Dodo Books Indian Ocean Ltd. and OmniScriptum S.R.L publishing group

120 High Road, East Finchley, London, N2 9ED, United Kingdom
Str. Armeneasca 28/1, office 1, Chisinau MD-2012, Republic of Moldova, Europe
Managing Directors: Ieva Konstantinova, Victoria Ursu
info@omniscriptum.com

Printed at: see last page
ISBN: 978-620-8-53442-4

AVANT - SOBRE NÓS

Esta ficha de curso trata de uma ciência bastante importante para o desenvolvimento sustentável e a segurança alimentar no domínio da agricultura: o melhoramento vegetal. De um ponto de vista multidisciplinar, o seu objetivo é criar novas variedades de elite conhecidas como "ideótipos" de plantas que satisfaçam as necessidades nutricionais das populações. O melhoramento vegetal está em constante evolução, especialmente com o desenvolvimento de técnicas biotecnológicas recentes no domínio da Biologia Molecular e da Engenharia Genética, que contribuíram eficazmente para a criação de novas variedades vegetais que combinam genes favoráveis que codificam genes de interesse, com base na grande diversidade vegetal existente. Esta brochura destina-se principalmente a estudantes universitários inscritos no LMD em Ciências Biológicas, Agricultura de Precisão e Agronomia que tenham um conhecimento básico de genética fundamental e que queiram aprender mais sobre este domínio. Este livro pode ser uma ferramenta de ensino e um bom guia para estudantes envolvidos em investigação científica básica e profissional.

Dr. AMOURI Adel Amar

Professor, investigador e mestre de conferência Departamento de Biologia. BP 1524. Faculdade SNV. Universidade de Oran 1. 31000-Oran - Argélia

amouri.adel@univ-oran1.dz

ÍNDICE DE CONTEÚDOS

1. O QUE É O MELHORAMENTO DE PLANTAS?

1.1. Definição de Jules Bouharmont

Segundo Bouharmont (1994), a melhoria do rendimento é essencial para satisfazer as necessidades crescentes da humanidade. Esta melhoria pode ser muito rápida para as espécies recentemente domesticadas (palma, borracha).

Foram feitos progressos significativos com os cereais tradicionais e outras plantas que são cultivadas há milhares de anos. No entanto, há um limite para a quantidade de matéria orgânica que pode ser produzida numa determinada região, dependendo da temperatura e da insolação.

Um objetivo constante é distribuir os produtos do metabolismo da planta a favor dos órgãos colhidos, reduzindo ao mínimo os resíduos: nos cereais, esta distribuição implica um desenvolvimento máximo do grão e um aparelho vegetativo reduzido.

Para além da produtividade, o criador deve também ter em conta caraterísticas mais qualitativas, como o valor nutritivo, as propriedades organolépticas e a composição do produto, a estética, a resistência, a facilidade de colheita, o transporte, o armazenamento e o rendimento da transformação.

Em suma, o obtentor deve definir um ideótipo, uma imagem ideal da planta que pretende criar. Um ideótipo muito preciso é, no entanto, utópico, porque entram em jogo demasiados factores, muitas vezes contraditórios, entre os quais é necessário encontrar um equilíbrio.

Por outro lado, a criação de uma nova variedade leva geralmente muitos anos, durante os quais o obtentor deve ser capaz de modificar os seus objectivos e métodos para se adaptar a novas condições, corrigir os seus erros ou beneficiar da experiência dos seus concorrentes.

1.2. Definição de Yves Demarly

Segundo Demarly (1996), há centenas de milhares de anos, quando um dos nossos antepassados levava frutos para a sua cabana para comer com a sua família e deixava sementes em detritos para germinar perto da sua casa, o melhoramento vegetal tinha começado. Primeiro a domesticação inconsciente, depois a jardinagem, os intercâmbios, a codificação da agronomia, o controlo da descendência reforçado pelas primeiras leis genéticas, depois o desenvolvimento do melhoramento vegetal como ciência e a eclosão das biotecnologias. Mas será que a criação de uma nova variedade é uma verdadeira ciência? Traçar o perfil de um ideótipo que responda melhor às necessidades da humanidade e das suas indústrias é também um trabalho artístico e intuitivo, sensível tanto ao conforto do utilizador como ao potencial técnico do material.

Por outro lado, é uma ciência colocar o objeto de sonho em termos concretos e calcular o caminho mais eficaz e económico a partir do material de origem para este ideótipo. É neste compromisso entre a ciência e a arte que se desenrola o melhoramento das plantas (Fig. 1).

Os rendimentos das principais culturas, como o trigo, a beterraba, o milho, a colza, etc., estão constantemente a aumentar. Estatisticamente, este aumento pode ser estimado em 1%, em média, por ano.

Evidentemente, uma grande parte destes aumentos deve ser atribuída a melhorias pirotécnicas (adubos, tratamentos, máquinas). No entanto, segundo estimativas provenientes de várias fontes, metade dos ganhos obtidos devem ser atribuídos ao progresso genético, sob a forma de introdução de novas variedades. Embora estes rendimentos sempre crescentes tenham sido obtidos, por vezes, em detrimento da qualidade, tal só acontece em casos muito específicos.

A normalização do trigo impõe normas de valor de panificação bem definidas que não abrandaram os ganhos de produção, enquanto o valor dietético do óleo de colza aumentou ao mesmo tempo.

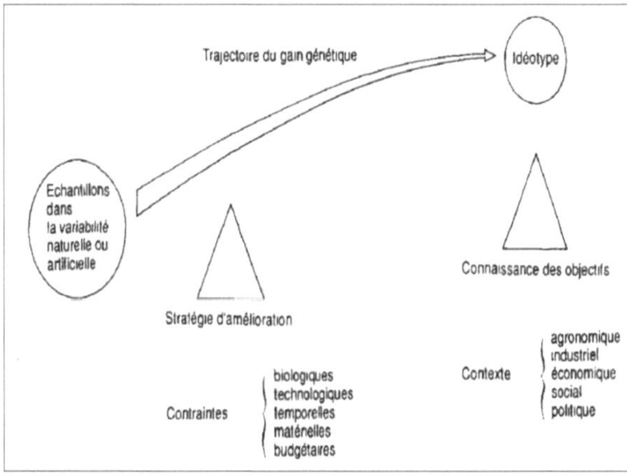

Fig 1: **Definição de melhoramento de plantas** (Demarly, 1996)

1.3. Definição de André Gallais

De acordo com Gallais (2015), o homem começou a cultivar plantas há cerca de 10.000 anos. Devido às profundas alterações climáticas que ocorreram nessa altura, e porque as suas actividades de recolha, caça e pesca já não eram suficientes para o alimentar, passou de um estado nómada para um estado sedentário, e começou a colher os produtos das plantas que tinha semeado.

Para as espécies selecionadas, a alternância entre a sementeira e a colheita ao longo de muitos ciclos conduziu depois à sua adaptação ao cultivo. É o que se chama a domesticação das plantas. Trata-se de um processo de seleção, baseado nas condições de crescimento, nas condições de colheita e nas escolhas do homem, que selecionou e semeou de novo as plantas mais adaptadas aos seus gostos e necessidades.

Esta foi a primeira forma de seleção feita pelo homem para melhorar a sua alimentação, mesmo que nem sempre tenha sido consciente.

Desde então, o objetivo da agricultura tem sido sempre o de produzir o suficiente, tanto em termos de qualidade como de quantidade. Temos de melhorar tanto a quantidade como a qualidade dos nossos produtos, a fim de alimentar melhor as pessoas

Nos países desenvolvidos, esta situação intensificou-se após a Segunda Guerra Mundial, graças à utilização de fertilizantes azotados sintéticos, ao desenvolvimento da mecanização e à utilização de fungicidas, insecticidas e herbicidas. O problema é que as populações naturais de plantas, ou as resultantes da domesticação, não conseguem satisfazer todas estas exigências.

O melhoramento genético das plantas visa, portanto, desenvolver populações denominadas variedades que, consoante a espécie e a situação, são mais produtivas, mais resistentes às doenças e aos insectos, utilizam melhor a água e o azoto, estão mais bem adaptadas aos meios de cultura ou às condições de utilização (incluindo a mecanização) e possuem melhores qualidades (nutricionais, tecnológicas, etc.).

O objetivo é combinar numa única variedade o maior número possível de caraterísticas e, portanto, de genes, favoráveis aos objectivos pretendidos.

2. CRIAÇÃO

A biodiversidade pode ser conservada, mas também pode ser criada. A criação de variedades pode ser induzida por hibridação ou por simples mistura entre duas ou mais variedades selecionadas. A criação varietal pode também ser fortuita, como no caso da hibridação natural, das mutações naturais, etc. As plantas assim identificadas pelo homem podem ser multiplicadas e selecionadas para dar origem a novas variedades. Trata-se do conjunto de processos destinados a reunir caraterísticas de interesse numa nova variedade de planta cultivada. Estas caraterísticas são geralmente procuradas em variedades existentes ou em plantas selvagens da mesma espécie ou de espécies estreitamente relacionadas (Fig. 2). Cultivar ou "variedade cultivada": população artificial dentro de uma espécie, caracterizada por:

- Uma base genética estreita (mesmo reduzida a um genótipo);

- Caraterísticas agronómicas homogéneas bem definidas ;

- A sua reprodutibilidade de acordo com um esquema de seleção fixo e registado.

2.1.Critérios de seleção :

- Melhor adaptação ao ambiente (frio, seca, salinidade, etc.)
- Aumentar a produtividade (principal objetivo da revolução verde na segunda metade do século XX)
- Melhoria da qualidade nutricional e da palatabilidade (composição bioquímica, qualidades, etc.) organoléptica, aspeto...)
- Otimizar a transformação (facilitar o descasque das sementes, melhorar a panificação, etc.)
- Otimizar o armazenamento e o transporte e, mais recentemente, proteger o ambiente (resistência aos agentes patogénicos, tolerância aos herbicidas, melhor

utilização dos fertilizantes ou da água, etc.).

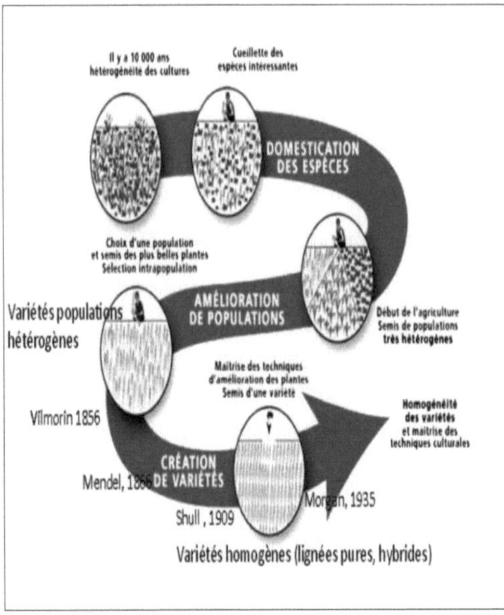

Fig 2: **Fases do melhoramento das plantas**. (gnis - pedagogia)

2.2.Os diferentes tipos de seleção :

2.2.1. Seleção massal ou visual (até ao final do século XIX):

Trata-se da seleção massiva de uma população de plantas segundo critérios fenotípicos específicos de cada agricultor que cultiva essa população. Esta técnica de seleção ancestral permite melhorar o valor médio de todos os indivíduos da população. Consiste em conservar numa população certas plantas com caraterísticas interessantes, cujas sementes serão utilizadas como semente no ano seguinte (Fig. 3). Segundo Bouharmont (1994), este método é aplicado há muito tempo com sucesso em muitas espécies de polinização cruzada. Trata-se de colher as sementes para a geração seguinte nas plantas que correspondem aos desejos do agricultor. A seleção é eficaz para as caraterísticas altamente hereditárias e resulta num aumento gradual da frequência dos alelos favoráveis nas populações; é mais lenta do que nas espécies autopolinizadas, especialmente quando estão envolvidos vários genes. A observação do fenótipo é suficiente para a cor dos frutos, a morfologia da inflorescência ou a precocidade. A seleção massiva para o rendimento é mais difícil: é necessário um teste de descendência envolvendo algumas dezenas de plantas para verificar o valor dos indivíduos identificados no campo.

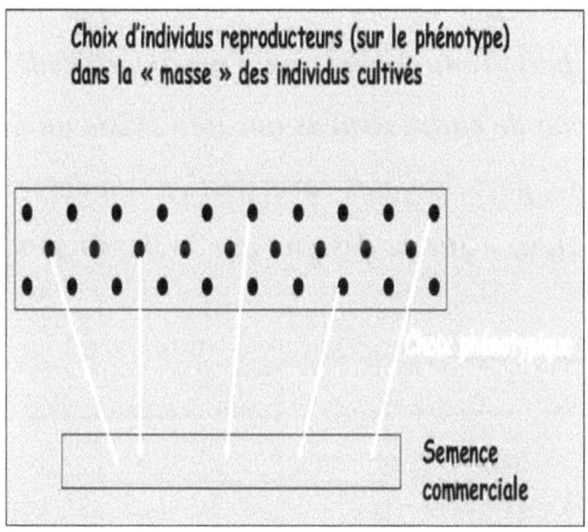

Seleção casual de indivíduos interessantes &. Utilização das suas sementes como sementes. As plantas selecionadas são diferentes entre e de uma geração para a outra ***(variedades populacionais).***

Fig. 3. **Diagrama de seleção de massa**

2.2.2. Seleção moderna ou genealógica (a partir do século XX) :

Trata-se de um processo que consiste em cruzar deliberadamente plantas que possuem as caraterísticas que se pretendem perpetuar e/ou associar (Fig. 4). A descoberta da reprodução sexual nas plantas (1676, Millington-Grew) e a redescoberta das leis de Mendel (1865) por De Vries (1903) lançaram as bases científicas do melhoramento vegetal moderno:

As plantas podem ser cruzadas para combinar caraterísticas de interesse.

Após o primeiro cruzamento, a primeira geração (F1) é homogénea, depois as caraterísticas segregam (recombinação cromossómica) nas gerações seguintes.

"Algumas plantas têm as caraterísticas de um ou outro dos seus progenitores, enquanto outras combinam essas caraterísticas".

As empresas de sementes realizam cruzamentos dirigidos e selecionam os descendentes que combinam as caraterísticas desejadas.

Desta forma, isolam gradualmente uma nova variedade uniforme (uma combinação de caraterísticas que não existe na natureza).

A seleção baseia-se, portanto, nas caraterísticas da descendência e não na própria planta, o que se designa por "seleção genealógica".

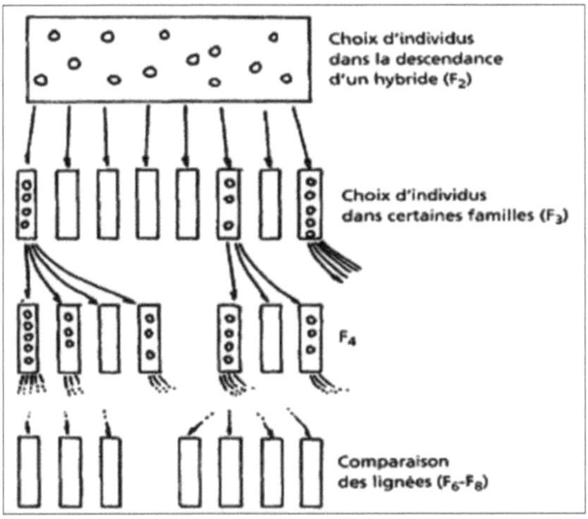

Fig. 4. **Diagrama esquemático da seleção genealógica** (Bouharmont, 1994).

3. SELECÇÃO E HIBRIDAÇÃO

Segundo Bouharmont (1994), o melhorista exerce uma pressão selectiva mais ou menos forte sobre as populações heterogéneas, eliminando os indivíduos que se afastam do tipo desejado ou escolhendo algumas plantas que produzirão a geração seguinte (Fig. 5). Para as outras caraterísticas, a observação de um indivíduo não é suficiente; o seu valor genotípico deve ser verificado após a multiplicação clonal ou a sementeira da sua descendência.As populações de polinização cruzada são suficientemente heterogéneas para que a seleção seja eficaz. Nas populações autopolinizadoras, as variedades antigas são também polimórficas, mas as variedades modernas são muito uniformes: neste caso, a procura de novas combinações genéticas é precedida de cruzamentos entre vários genótipos diferentes (Fig. 6). Muitas vezes é suficiente combinar dois progenitores escolhidos pelas suas caraterísticas complementares. No entanto, uma população resultante de cruzamentos sucessivos entre um maior número de genótipos representa uma fonte potencial de combinações genéticas excepcionais.

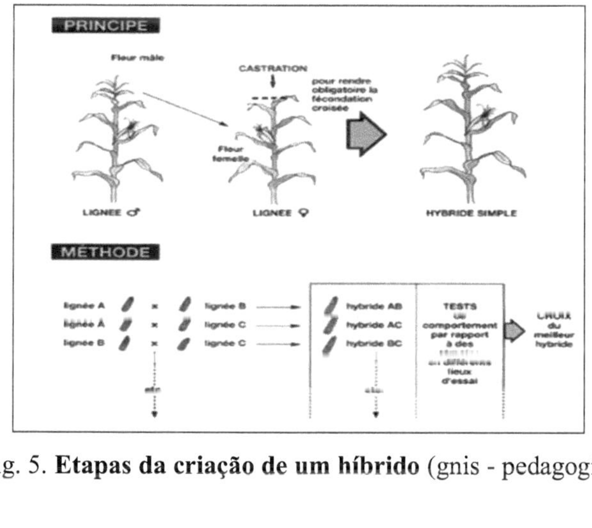

Fig. 5. **Etapas da criação de um híbrido** (gnis - pedagogia)

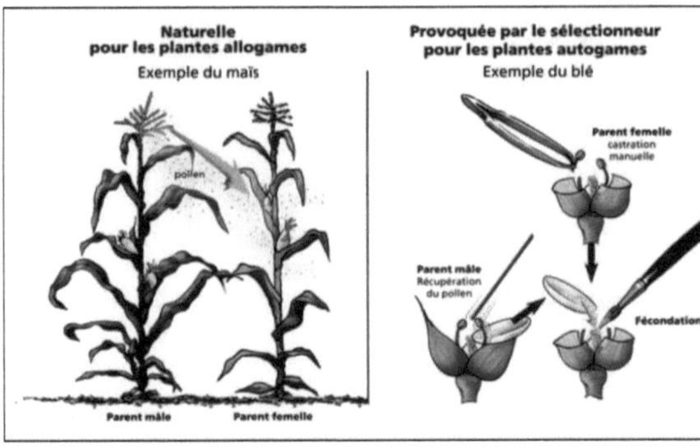

Fig. 6. **Exemplo de hibridação em milho e trigo** (gnis - pedagogia)

3.1.Base genética da seleção

3.1.1. Depressão por consanguinidade :

De acordo com Bouharmont (1994), em muitas plantas de polinização cruzada, a autofecundação e a consanguinidade reduzem, em maior ou menor grau, o vigor, a fertilidade e a produção das plantas. Esta depressão é significativa no milho, onde as melhores linhas consanguíneas obtidas por autofecundação produzem metade da produção das populações iniciais. Outras espécies, como a luzerna e a cenoura, são ainda mais sensíveis à autofecundação, que dá origem a um grande número de plantas letais.

Por outro lado, outras espécies não são muito sensíveis à consanguinidade (centeio, girassol, cucurbitáceas) e é possível obter linhas puras e não degeneradas.

A depressão pode ser explicada, pelo menos em parte, pela existência de numerosos alelos letais recessivos (albinismo) ou alelos desvantajosos, que só aparecem no estado homozigótico, ou seja, principalmente após a auto-fertilização. De acordo com Verrier et al (2001), um indivíduo é "consanguíneo" se os seus progenitores forem aparentados entre si. Certos sistemas de reprodução conduzem ao aparecimento sistemático de consanguinidade. Certas plantas, ditas autogâmicas, reproduzem-se naturalmente por autofecundação, o

que conduz rapidamente a uma consanguinidade próxima de 100%. De uma forma mais geral, a estruturação de uma grande população em pequenas subpopulações que se reproduzem entre si conduz a um aumento regular da consanguinidade no conjunto da população e a uma diferenciação entre as subpopulações devido à deriva genética. Este fenómeno é acompanhado de um défice de heterozigotos em relação ao que seria de esperar
Ao modificar a estrutura genética das populações, a consanguinidade tem um impacto nas caraterísticas quantitativas.

3.1.2. **Vigor híbrido** (Heterose):

O efeito de heterose, também conhecido como vigor híbrido, é o aumento do vigor híbrido em relação aos progenitores, ligado ao estado heterozigótico. Significa que o indivíduo híbrido é superior à média dos dois progenitores, ou ao melhor dos dois progenitores, em muitos traços (vigor, rendimento, resistência às doenças e precocidade). Quanto maior for a distância genética entre os progenitores, maior será o vigor do híbrido. Em genética vegetal, o termo "híbrido" refere-se sempre ao resultado do cruzamento de duas populações parentais diferentes pertencentes à mesma espécie. Quando a união entre genitores pertencentes a duas espécies diferentes é praticada, é especificada com o termo hibridação interespecífica (Verrier et al. 2001). A criação de linhas puras e estáveis, futuros pais do híbrido, é uma etapa essencial para a criação de variedades híbridas homogéneas e reprodutíveis que exprimam a maior heterose possível. A criação de variedades híbridas comporta, portanto, duas fases que conduzem à seleção das melhores linhas:

- a criação de linhas que servirão de bons genitores ou bons pais (a partir de germoplasma de qualidade superior) para o futuro híbrido, através de autofecundações sucessivas, para fixar as caraterísticas de interesse;
- a escolha das futuras linhas parentais, cruzando-as com um testador para determinar a sua aptidão para a combinação, ou seja, para produzir uma

variedade híbrida em conformidade com os objectivos do obtentor.

Segundo Bouharmont (1994), o vigor das plantas é restabelecido pelo cruzamento de duas linhas de autofecundação. Frequentemente, o vigor é também aumentado quando duas populações heterozigóticas são cruzadas. Este vigor híbrido ou heterose traduz-se por um melhor estado geral da planta: crescimento, rendimento, precocidade, tolerância às pragas e às condições climatéricas desfavoráveis. A combinação no híbrido de alelos dominantes presentes nos progenitores pode explicar em parte a heterose. Alguns autores são favoráveis a esta interpretação, acreditando que a maior parte da heterose pode ser fixada no estado homozigótico (Galláis, 1988). No entanto, embora os muitos esforços efectuados desde o início do século tenham melhorado o padrão das linhas de milho, a diferença entre linhas purificadas e híbridos não diminuiu. Embora os mecanismos exactos responsáveis pela heterose continuem por explicar, a superdominância continua a ser a melhor interpretação. O vigor é atribuído à heterozigotia dos híbridos para um grande número de genes (Bouharmont, 1994):

- Vantagens: Heterose, homogeneidade fenotípica, rendimento, homeostase, qualidade garantida das sementes.
- Desvantagens: Complexidade da produção de sementes, impossibilidade de semear de um ano para o outro, dependência dos agricultores, custo elevado das sementes, problema de homogeneidade genética para a suscetibilidade a agentes patogénicos específicos.

3.1.2.1. Os diferentes tipos de híbridos

O cruzamento de duas linhas produz uma variedade conhecida como híbrido simples. Um híbrido simples pode ser cruzado com uma linha selecionada para produzir um híbrido de três vias, ou com outro híbrido simples para produzir um híbrido de duas vias (Fig. 7):

• Os híbridos simples são mais difíceis de produzir porque os seus progenitores são linhagens, mas os híbridos comerciais são homogéneos e têm uma heterose máxima.

• O híbrido de três vias é mais fácil de produzir e, neste caso, é geralmente o híbrido que é escolhido como progenitor feminino. Por conseguinte, a produção de sementes é elevada. Garante também uma base genética mais alargada para a variedade final, ao combinar caraterísticas encontradas em três progenitores.

• Os híbridos duplos, que são menos eficientes do que os híbridos simples, e os híbridos de três vias já não se encontram no mercado.

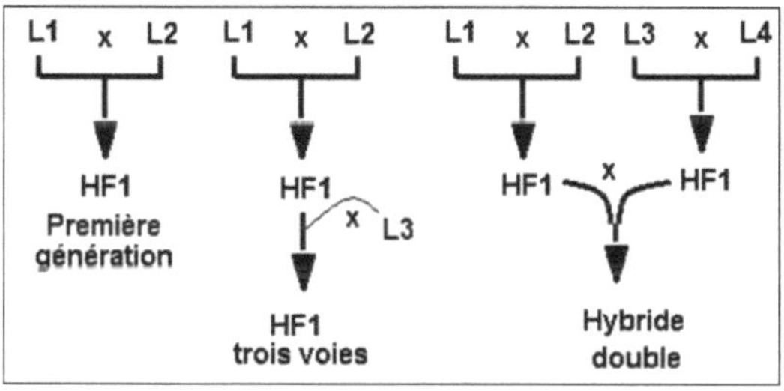

Fig. 7. **Diferentes variedades híbridas**

4. COMO SE INTRODUZ UMA NOVA CARACTERÍSTICA NUMA VARIEDADE DE ELITE?

4.1 Introgressão por hibridação e retrocruzamento

Uma caraterística interessante, como a resistência a doenças, a tolerância ao stress abiótico, a esterilidade ou critérios de qualidade melhorados, pode estar presente numa planta mas não nas linhas de elite em que se baseiam as variedades comerciais. O obtentor tentará criar uma linha idêntica à linha de elite, mas que também possua essa caraterística. Para obter este resultado, o obtentor procede a retrocruzamentos (Fig. 8).

Para o efeito, procede a uma série de hibridações entre a linha recetora ou de elite e a linha dadora da caraterística. Os descendentes são depois cruzados durante várias gerações com a linha recetora ou recorrente. Este processo aumenta a proporção da linha de elite no património genético da descendência, assegurando simultaneamente a manutenção da caraterística de interesse através da eliminação de indivíduos indesejáveis. O resultado do retrocruzamento é uma linha convertida, ou seja, virtualmente idêntica à linha de elite recetora, mas com a adição da caraterística de interesse (Fig. 8).

Nas culturas arvenses, apenas os híbridos entre duas espécies cultivadas apresentam qualidades agronómicas aceitáveis. Mesmo nestas condições, existe uma tendência para eliminar a maior parte das caraterísticas de um dos progenitores (centeio, café robusta, Oryza glaberrima). O objetivo dos cruzamentos entre variedades cultivadas e voluntárias é sempre o de transferir um número limitado de genes destas últimas para as variedades cultivadas. Os métodos disponíveis diferem consoante o nível de homologia entre os genomas parentais. A sua aplicação é geralmente muito morosa, mas uma vez introduzido um gene estrangeiro numa variedade, este pode ser facilmente transferido para outras por retrocruzamento. Quando os cromossomas de duas espécies conseguem emparelhar-se e formar cruzamentos para efetuar recombinações genéticas, por exemplo no cruzamento de uma planta cultivada com o seu antepassado não domesticado, os métodos utilizados não são muito diferentes dos utilizados no cruzamento de duas variedades, exceto que surgem frequentemente problemas de incompatibilidade e esterilidade. Foi assim que muitas caraterísticas foram introduzidas no tomateiro a partir de algumas espécies selvagens (Bouharmont, 1994).

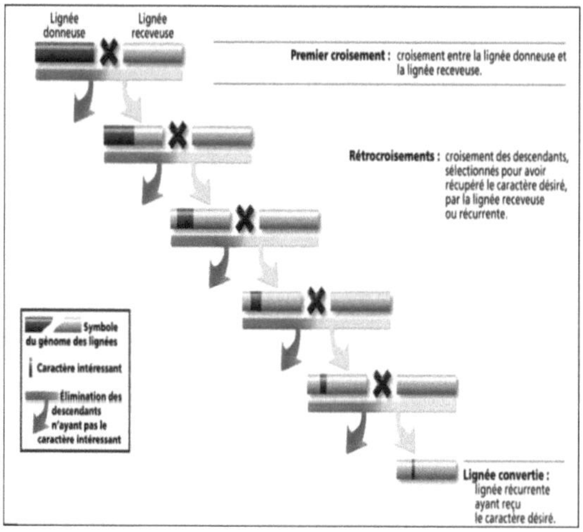

Fig. 8. **Princípio da introgressão** (gnis - pedagogia).

4.2. Introgressão por transgénese de plantas

A transgénese entrou de forma retumbante no melhoramento das plantas, pois permite introduzir genes que não existem na espécie a melhorar. Exemplos disso são os genes de tolerância aos herbicidas ou de síntese de moléculas de insecticidas (Gaufichon et al. 2010)

A transgénese ou transformação genética é a integração de uma molécula de ADN exógena num genoma. Esta molécula pode ser autóctone ou construída. Um organismo ou uma planta geneticamente modificada tem um significado biológico muito amplo, uma vez que qualquer ser vivo é geneticamente modificado por mutação e recombinação em relação àqueles que lhe deram origem (Pelletier, 2012). A primeira planta transgénica a ser cultivada foi um tomate de maturação retardada (1993).

A engenharia genética refere-se a todas as técnicas utilizadas para introduzir um ou mais genes de qualquer outro organismo e fazê-los exprimir num organismo vivo. Os organismos obtidos desta forma são conhecidos como organismos geneticamente modificados (OGM). É feita uma distinção entre as técnicas de biologia molecular, que permitem preparar as sequências de ADN que serão introduzidas, designadas por construção genética, e as técnicas de transgénese, que permitem transferir o gene. Trata-se de um caso em que a transferência de genes é acompanhada de uma transferência de caraterísticas. Uma cópia do gene de interesse é introduzida na planta. A sua expressão, através do ARN mensageiro, leva à produção de uma proteína responsável pela nova caraterística.

Existem muitos exemplos neste domínio: introdução de um gene de resistência a insectos, agentes patogénicos ou herbicidas, modificação de sementes, produção de moléculas de interesse industrial ou farmacêutico.

Fases da transgénese (Fig. 9):

1ª etapa: Identificar o gene de interesse: Conhecer a sua sequência e função,

2ª etapa: Fazer uma construção genética,

3(rd) fase: Transformaçço da planta e regeneraçço em cultura,

4th stage: Caracterização dos transformantes: Seleção dos melhores indivíduos, transferência e análise em estufa e no campo.

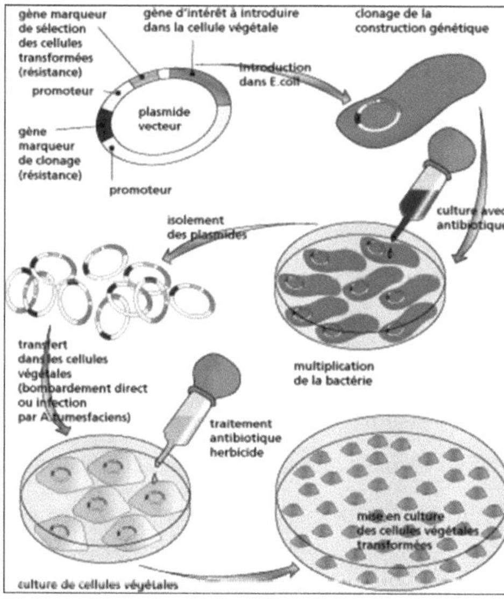

Fig. 9: **Etapas da transgénese vegetal**

4.3. Introgressão através de Agrobacterium tumefaciens

A transgénese consiste em acrescentar um novo gene a um organismo. Foram desenvolvidas várias técnicas de transgénese para as plantas. A possibilidade de regenerar uma planta inteira a partir de apenas algumas células vegetais é de grande interesse na transgénese. Uma das técnicas mais utilizadas na transgénese de plantas é a utilização de uma bactéria do solo, a Agrobacterium tumefaciens. Esta bactéria gram-negativa, em forma de bastonete, da família Rhizobium, conhecida como Rhizobium radiobacter (Young, 1889), é atraída pelos compostos fenólicos libertados pelas plantas dicotiledóneas quando estas são feridas e provoca um tumor, a galha da coroa, nas plantas infectadas (Fig 10; Fig. 11).Desde a antiguidade que se conhece uma doença conhecida como "galha da coroa", ou seja, a formação de tumores na zona onde a raiz se encontra com o caule, que afecta muitas plantas cultivadas, como as couves (Brassica), em resultado de lesões que levam à necrose da parte aérea da planta e, por fim, à sua morte. Esta situação deve-se a práticas culturais (ferimentos, poda), a factores climáticos (geada, granizo), a pragas (nemátodos, insectos) e a causas naturais (cicatrizes foliares). O aumento desproporcionado dos caules das espécies vegetais afectadas é um dos sintomas caraterísticos do dieback das plantas. Desde 1974, sabe-se que esta indução se deve à transferência de um pequeno ADN plasmídeo da bactéria para o genoma das células da planta. Nesta ferida, a Agrobacterium é capaz de se fixar nas células da planta. Após este contacto, estas células multiplicam-se significativamente, dando origem à formação de um tumor. As células da galha libertam no ambiente compostos químicos específicos: as opinas, moléculas geralmente constituídas por um aminoácido ligado a um açúcar, actuam como nutrientes para as agrobactérias e activam a sua multiplicação, mas a síntese destes produtos desvia certas vias do metabolismo normal da planta (Tourte, 2002). As bactérias Agrobacterium presentes no solo perto da galha podem então utilizar estas opinas como fonte de azoto, mas também de carbono e de energia (Weidner e Furelaud, 2003). O mecanismo pelo qual as galhas se formam é semelhante à conjugação e deve-se a um plasmídeo bacteriano chamado plasmídeo Ti, que torna as bactérias virulentas (Fig. 12).

Existem três classes de plasmídeos, consoante a natureza da opina:

- plasmídeos de octopina em que o açúcar piruvato e o aminoácido arginina, ornitina, lisina ou histidina ;
- plasmídeos de agropin cujo aminoácido é a glutamina, geralmente associada à manose ;
- plasmídeos de nopalina em que a arginina ou a ornitina estão ligadas a acetoglutarato.

O plasmídeo Ti compreende várias regiões, três das quais são particularmente importantes (Fig. 13):

- uma região que contém a origem da replicação ;
- uma região correspondente ao ADN de transferência (ADN-T), delimitada por duas fronteiras denominadas fronteira direita e fronteira esquerda e que contém

os oncogenes do tumor;

• uma região vir que contém vários genes que influenciam a virulência da bactéria (capacidade de reconhecer as células vegetais, controlar a transferência do T-DNA para o núcleo e a sua integração no genoma da célula vegetal). Estes genes vir, localizados no plasmídeo mas fora da região T-DNA, são essenciais para a transferência. Existem vários genes virais - pelo menos seis - localizados linearmente no plasmídeo, numa região próxima da origem de replicação (Tourte, 2002), que são descritos no quadro seguinte:

Tabela 1. **Função dos genes de virulência (vir) do plasmídeo Ti** (Tourte, 2002)

Genes virais	Função
vir A	Codifica a síntese de um recetor de sinais de feridas, sensível às moléculas (polifenilos) libertadas durante a lesão
vir B	Códigos de síntese de uma proteína de membrana envolvida na formação do T-DNA de transição da bactéria para a célula vegetal
vir C	Dirige a síntese de uma proteína capaz de dirigir a transferência de T-DNA através do posicionamento da cabeça da molécula.
vir D (D1 e D2)	Responsável pela síntese de uma endonuclease que actua nos bordos e está envolvida na libertação do ADN-T.
vir E	Codifica a síntese de proteínas que protegem o ADN-T contra nucleases
vir G	Responsável pela síntese de uma substância activadora da virulência

Um fragmento de ADN do plasmídeo Ti, o ADN-T, é transferido da bactéria para a planta, sendo depois integrado no genoma da planta, onde induz a formação de galhas caracterizadas pela multiplicação anárquica das células vegetais (Fig. 14). Esta observação constitui a base de uma das técnicas mais utilizadas na engenharia genética das plantas para produzir Organismos ou Plantas Geneticamente Modificados, respetivamente OGM ou BPF (Fig. 15). Em 1983, foram obtidos os primeiros tabacos transgénicos utilizando agrobactérias simultaneamente por equipas belgas e americanas. A figura 16 resume as fases da transgénese com Agrobacterium tumefaciens.

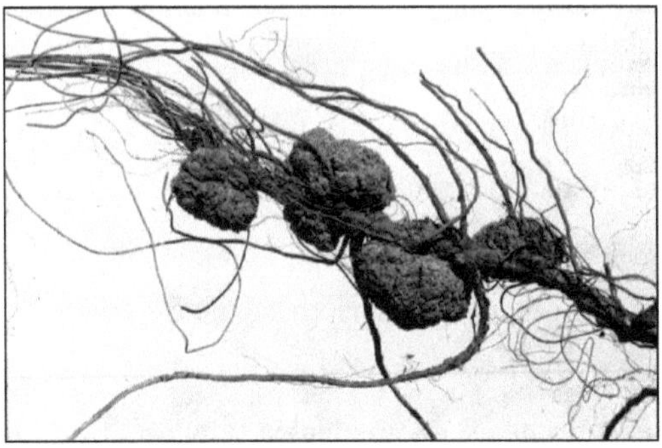

Fig. 10. **Galha de coroa causada por Agrobacterium tumefaciens numa raiz de noz-pecã.**

(https://fr.wikipedia.org/wiki/Agrobacterium_tumefaciens).

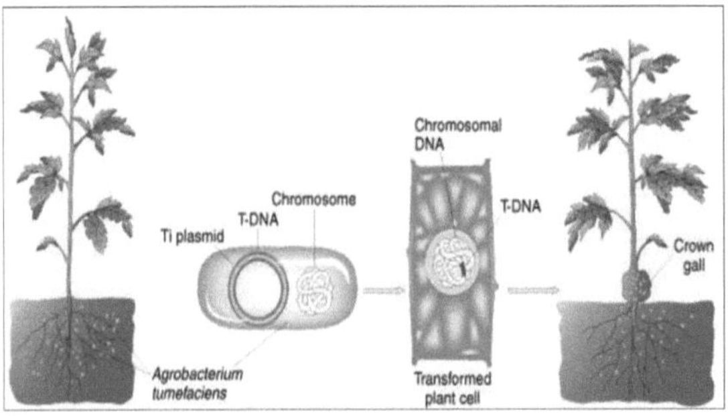

Fig. 11: **Infeção da planta por Agrobacterium tumefaciens e formação de galha da coroa.**

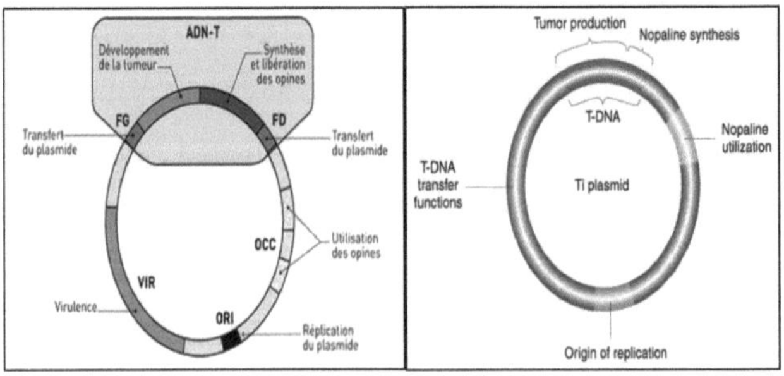

Fig. 12. **Estrutura do plasmídeo pTi (215 Kb)** (Weidner e Furelaud, 2003)

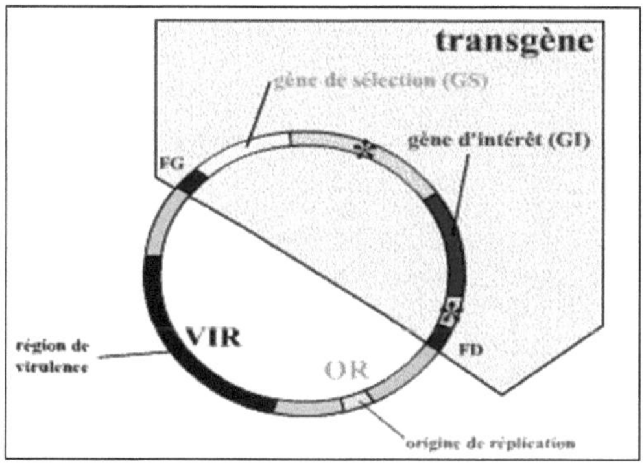

Fig. 13. **Plasmídeo pTi** (desarmado)**: Vetor de transgénese** (Weidner e Furelaud, 2003)

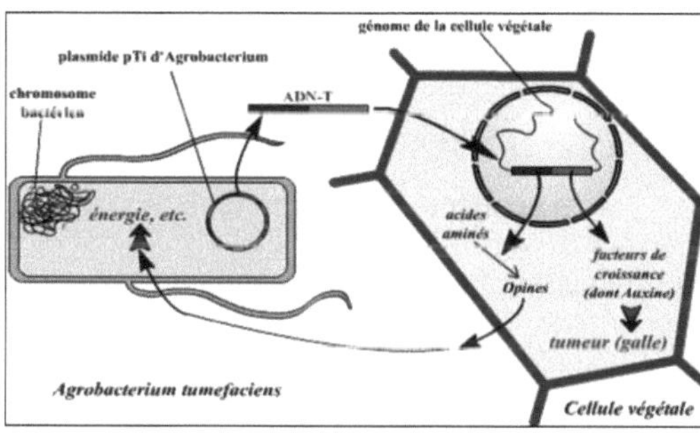

Fig. 14. **Transferência de T-DNA no genoma da planta através da Agrobacterium tumefaciens** (Weidner e Furelaud, 2003)

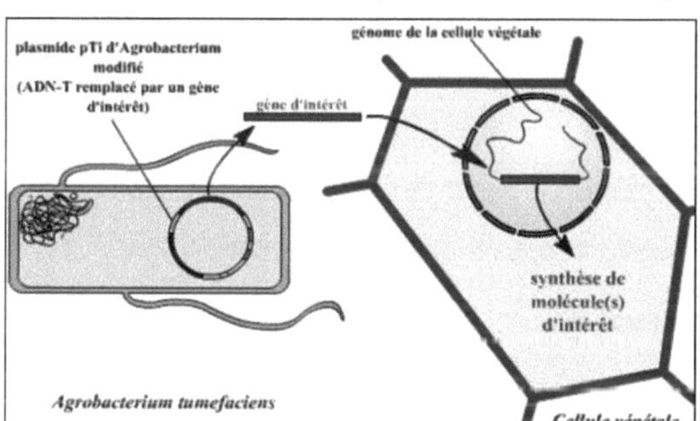

Fig. 15. **Substituição do T-DNA pelo gene "PGM" de interesse** (Weidner e Furelaud, 2003)

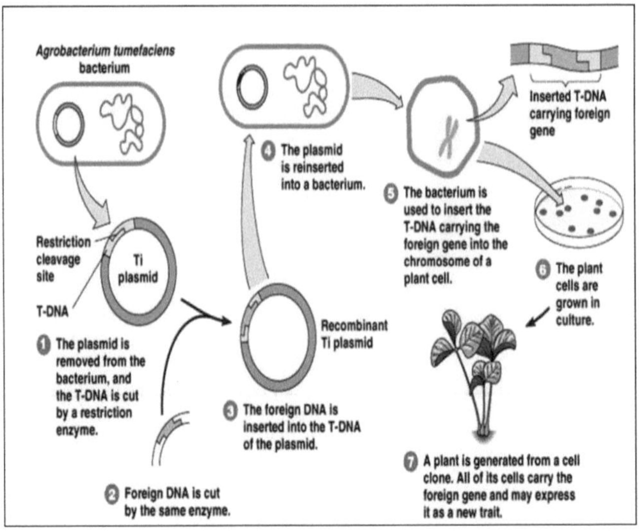

Fig. 16. **Resumo das etapas envolvidas na transgénese utilizando Agrobacterium tumefaciens**

(2004, Pearson Education, inc, publicação como Benjamin Cummings)

1. Extração do Plasmídeo Ti+ Corte de ADN - T / Enzima de Restrição. 2. Corte do ADN estranho (Insert) / Mesma enzima. 3. ADN estranho inserido no plasmídeo -T-DNA. 4. Plasmídeo recombinante reinserido na Agrobacterium. 5. Bactéria usada para inserir -T-DNA com gene de interesse (estranho) / cromossomas de células vegetais. 6. Cultura celular.
7. Regeneração de plantas a partir de células clonais. Células portadoras do gene de interesse: expressão como uma nova caraterística.

Algumas definições úteis :

Agrobacterium :

Bactérias que parasitam as plantas através da transferência de parte do seu plasmídeo, denominado T-DNA, para o genoma da planta infetada.

Alelo :

Parte do cromossoma que contém o gene ou a versão de um gene que é transmitida aos descendentes.

Alogamia :

As plantas de polinização cruzada são plantas que não se autopolinizam ou que o fazem apenas de forma muito limitada. O pistilo da flor é acessível ao pólen de outra flor e pode, portanto, ser polinizado pelo vento ou por insectos. Neste caso, pode haver fecundação cruzada entre variedades e as sementes podem não reproduzir a variedade de onde provêm: é a chamada hibridação. Algumas plantas são auto-compatíveis, ou seja, podem polinizar-se a si próprias se não houver outro pólen disponível (alogamia preferencial, por exemplo, o girassol). Outras plantas, ditas auto-incompatíveis, como a couve, não podem autopolinizar-se: a flor feminina de uma planta recusa o pólen dessa mesma planta, pelo que a planta é necessariamente alógama.

Auto-fertilização :

Fertilização de um óvulo por pólen da mesma planta.

Autogamia :

As plantas ditas "autopolinizadoras" polinizam-se a si próprias (autofecundação), com o pólen de uma planta a fecundar o ovário da mesma planta. A forma da flor é responsável por esta proteção contra a polinização cruzada entre variedades: como a flor é relativamente fechada, o pistilo não se projecta, pelo que o pólen do exterior não pode penetrar e instalar-se no interior. Apenas o pólen dos estames da mesma flor pode ser depositado no pistilo. Por conseguinte, existe uma boa probabilidade de não haver cruzamento entre duas variedades, mesmo que estejam lado a lado. No entanto, devemos falar de uma planta predominantemente autopolinizadora, pois praticamente não existem plantas estritamente autopolinizadoras: há sempre algumas percentagens de polinização cruzada.

Retrocruzamento :

Cruzamento de um híbrido com um dos seus progenitores.

Biotecnologia :

Todos os métodos e técnicas que utilizam organismos vivos ou os seus componentes para fabricar ou modificar produtos, para melhorar plantas ou animais ou para desenvolver microrganismos para aplicações específicas.

Célula hospedeira :

Célula que contém material genético estranho fornecido por um vírus, um plasmídeo, ADN recombinado in vitro ou uma célula inteira.

Clone :

Células isoladas, mantidas em cultura e reproduzidas de forma idêntica para estudos de biologia molecular e celular.

Clonagem :

Método de multiplicação celular in vitro por reprodução assexuada que resulta na formação de indivíduos geneticamente idênticos chamados clones.

Conjugação :

Transferência natural de plasmídeo ou ADN cromossómico de uma célula bacteriana para outra através de uma ponte citoplasmática. Por extensão, a clonagem de genes refere-se à técnica de isolamento e amplificação de fragmentos de ADN num clone celular.

Construção genética :

Sequência de ADN destinada a ser transferida para uma célula, compreendendo um gene de interesse, o promotor e as sequências reguladoras essenciais para a sua expressão e regulação na célula recetora e um gene marcador.

Cromossoma :

Estrutura contida no núcleo das células de todos os organismos vivos, que pode ser observada durante a divisão celular e que transporta informação genética. É um componente celular constituído por uma molécula de ADN enrolada associada a proteínas chamadas histonas.

Domesticação :

Adaptação das plantas às necessidades humanas, adaptação das plantas selvagens ao cultivo.

Enzima de restrição (Endonuclease) **:**

Uma enzima bacteriana que reconhece uma sequência específica de ADN, o local de restrição, e corta as duas vertentes da molécula de ADN dentro dessa sequência.

Espécies :

Grupo de indivíduos com caraterísticas morfológicas, fisiológicas e cromossómicas semelhantes que podem cruzar-se entre si.

F1 :

Todas as plantas resultantes do cruzamento de dois progenitores distintos

F2 :

Conjunto de plantas resultantes de uma planta F1 após 1, 2, n auto-fertilizações forçadas sucessivas.

Definição de caracteres :

Ação destinada a obter material homozigótico estável, geralmente por autofecundação repetida a partir de material heterozigótico.

Gene :

Uma unidade de informação genética que ocupa uma posição específica (locus) no cromossoma. Um gene é um segmento de ADN que inclui a sequência que codifica uma proteína e as sequências que permitem e regulam a sua expressão. Os genes determinam ou influenciam a expressão do fenótipo de um ser vivo (forma, cor, aptidões diversas, etc.). O conjunto dos genes constitui o seu genoma, ou património genético hereditário (germoplasma).

Gene de interesse :

O gene responsável por uma caraterística considerada de interesse, que é transferido para outro organismo.

Gene marcador :

Um gene cuja expressão permite o rastreio das células que o contêm, ou um gene que confere a uma célula ou organismo uma propriedade simples que permite identificar e/ou selecionar as células ou organismos que o transportam.

Geração :

Período de tempo correspondente ao intervalo entre cada grau de parentesco.

Engenharia genética :

Conjunto de técnicas que permitem modificar o património hereditário de uma célula através da manipulação de genes in vitro (transferência de genes).

Genoma :

Todos os genes, o património hereditário contido em cada célula de cada organismo vivo.

Genótipo :

Constituição genética de um indivíduo ou conjunto de caraterísticas genéticas de um indivíduo. A sua expressão conduz ao fenótipo.

Heterose ou vigor híbrido :

Refere-se ao facto de o cruzamento de linhas ou populações produzir descendentes com desempenho superior ao dos progenitores. Quanto maior for a distância genética entre os progenitores (linhas, população), melhor será o desempenho.

Heterozigotia :

Presença de dois alelos diferentes de um gene em cromossomas homólogos.

Homozigótico :

Um indivíduo cujas células possuem o gene para uma determinada caraterística em duplicado. Esta propriedade confere ao indivíduo que a possui a capacidade de transmitir a caraterística a 100% dos seus descendentes. Uma linha fixa, ou linha pura, é totalmente homozigótica. Por conseguinte, transmite exatamente o mesmo património genético a 100% dos seus descendentes.

Homozigotia :

Presença de dois alelos idênticos de um gene em cromossomas homólogos.

Híbrido :

Um híbrido é o cruzamento de dois indivíduos de duas variedades diferentes. No entanto, a hibridação é uma manipulação genética diferente na medida em que pode ser provocada pelo homem, mas também pode ocorrer naturalmente por insectos ou pelo vento. Híbrido F1 Trata-se de um híbrido de 1ª geração (1º ano) com uma mistura das caraterísticas genéticas dos dois progenitores. Quando os pais provêm de linhas puras, o híbrido é muito homogéneo. Este tipo de híbrido pode ser encontrado nos catálogos das empresas de sementes. Híbrido F2, F3... F2 significa que se trata da segunda geração de um híbrido, ou seja, uma nova sementeira de indivíduos provenientes de híbridos F1. Esta ressemeadura dará origem a um conjunto de plantas heterogéneas, umas parecidas com a F1, outras com o "pai" e outras com a "mãe".

Hibridação :

Fecundação cruzada do óvulo de uma planta pelo pólen de outra planta da mesma espécie.

Inserir :

Sequência de ADN estranho introduzido numa determinada molécula de ADN

Inserção :

Adição de uma sequência de ADN estranha a uma determinada molécula de ADN .

Integração :

Processo de recombinação genética que insere uma molécula de ADN noutra.

Marcação :

Introdução de nucleótidos modificados ou modificação química de certos nucleótidos num ácido nucleico para que este possa ser identificado.

Linha pura :

Uma linha pura é um conjunto de indivíduos ou populações homozigóticas que possuem uma caraterística comum fixa e são capazes de a transmitir indefinidamente de geração em geração (por exemplo, os indivíduos de uma linha pura de tomates de frutos redondos darão descendência de frutos redondos reproduzindo-se entre si).

Local :

Localização ocupada por um gene no cromossoma.

Plasmídeo :

ADN extracromossómico capaz de replicação independente e portador de caraterísticas genéticas que não são essenciais para a célula hospedeira.

Plasmídeo recombinante :

Plasmídeo no qual foi inserido um fragmento de ADN estranho.

Plasmídeo Ti:

Os principais vectores utilizados habitualmente para produzir plantas transgénicas são derivados da bactéria do solo Agrobacterium tumefaciens.

População :

Uma população é um grupo de indivíduos da mesma espécie que se reproduzem livremente entre si durante a sua vida num ambiente biológico ao qual estão adaptados.

Precocidade

Trata-se de uma expressão da duração do ciclo de desenvolvimento de uma planta entre a sementeira e a floração e a colheita na maturidade. Quanto mais precoce for a variedade, menor será o número de unidades de calor necessárias para atingir a floração ou a maturidade. Uma variedade muito precoce tem um ciclo curto, ao contrário de uma variedade tardia, que tem um ciclo longo.

Recombinação genética :

Troca entre sequências homólogas de dois cromossomas que leva ao aparecimento numa célula ou indivíduo de genes ou caraterísticas hereditárias numa associação diferente da observada nas células ou indivíduos parentais.

Resistência :

A origem da resistência é geralmente genética e está ligada à presença de um gene de resistência. Os genes de resistência podem estar naturalmente presentes em certas variedades, ou introduzidos num híbrido por retrocruzamento, ou presentes noutras espécies e introduzidos por transferência de genes, como é o caso da resistência à broca do milho, uma praga das borboletas. No caso da resistência, a variedade protege-se reagindo contra algo que a destrói (parasita, doença, etc.). Deve ser feita uma distinção entre resistência e tolerância, embora os dois termos sejam frequentemente utilizados de forma indiscriminada (ver Tolerância).

Seleção genealógica :

Seleção baseada na obtenção de linhas ou famílias de linhas com a escolha das melhores .

Seletor:

Pessoa encarregada de criar novas variedades para as empresas de sementes. Também conhecido por obtentor.

Esterilidade genética :

Esterilidade masculina determinada unicamente por um ou mais genes nucleares

Esterilidade masculina :

Esterilidade dos órgãos masculinos de uma planta por atrofia dos estames ou aborto mais ou menos precoce do pólen nas anteras. O resultado é a ausência de pólen ou um pólen inviável.

Esterilidade masculina citoplasmática :

Sistema de esterilidade masculina que envolve tanto o citoplasma através de genes mitocondriais como genes específicos de esterilidade nuclear ou de restauração da fertilidade.

Tolerância :

A capacidade de uma variedade para suportar o desenvolvimento de uma praga ou de um agente patogénico sem que as perturbações daí resultantes comprometam o seu crescimento ou a sua produção: Tolerância a stresses bióticos e bióticos.

Totipotência :

A capacidade de uma célula para regenerar um indivíduo completo idêntico à planta-mãe. Baseia-se na capacidade de desdiferenciação: as células podem tornar-se células simples, não especializadas, e depois diferenciar-se para voltar a dar origem a diferentes tipos de células especializadas.

Transgénese :

Todas as operações ligadas à obtenção de organismos transgénicos.

Transgénicos :

Descreve um ser vivo que é o produto de uma célula na qual foi introduzido um ADN estranho. O organismo transgénico tem o ADN estranho introduzido na maioria ou em todas as suas células. O gene estranho pode, portanto, ser transmitido à descendência.

Transformação genética :

Trata-se da modificação hereditária de um genoma após a integração de uma sequência de ADN (transgene).

Variedades :

Uma variedade é um grupo de indivíduos da mesma espécie que partilham um certo número de caraterísticas hereditárias.

Vetor :

Molécula de ácido nucleico na qual podem ser inseridos fragmentos de ácido nucleico estranho, que depois são introduzidos e mantidos numa célula hospedeira (por exemplo, plasmídeo).

REFERÊNCIAS

Gallais A., 2015. Compreender o melhoramento vegetal: questões, métodos, objectivos e critérios de seleção. Quae, Versailles, 240 p.

Bouharmont J., 1994. Agronomia Moderna. Capítulo 13: Criação de variedades e melhoramento vegetal. Université catholique de Louvain, Louvain-la-Neuve, Bélgica

Gaufichon, L., Prioul, J.L., Bachelier, B., 2010. Quais são as perspectivas de melhoramento genético das culturas tolerantes à seca? Fundação FARM.

Demarly Y., Sibi M., 1996. Melhoramento das plantas e biotecnologias. Montrouge: J. Libbey Eurotext , 1996. 2th ed. Coleção Universités francophones.

Verrier E., Brabant Ph., Gallais A., 2001. Instituto Nacional de Agronomia Paris-Grignon. Georges P., 2012. Academia Francesa da Agricultura. Sessão de 5 de dezembro.

Young J M, L D Kuykendall, A Kerr e E Martínez-Romero, 2001. "Revisão de Rhizobium Frank 1889, com uma descrição emendada do género e a inclusão de todas as espécies de Agrobacterium Conn 1942 e Allorhizobium undicola de Lajudie et al. 1998 como novas combinações: Rhizobium radiobacter, R. rhizogenes, R. rubi, R. undicola e R. vitis.", International Journal of Systematic and Evolutionary Microbiology, vol. 51, 1 de janeiro, pp. 89-103 (DOI 10.1099/00207713-51-1-89.

Smith EF, Townsend CO. 1907. "A Plant -Tumor of Bacterial Origin", Science, vol. 25, no. 643, abril, pp. 671-3 (PMID 17746161, DOI 10.1126/science.25.643.671)

Weidner M, Furelaud G., 2003. Transgénese com Agrobacterium tumefaciens, Planet-Vie.

Tourte,Y., 2002. Génie génétique et biotechnologies: concepts, méthodes et applications agronomiques. Edt. Dunod, Paris, 241pp.

Saiba mais!

Ligação a sítios Web :

http://www.gnis-pedagogie.org

https://fr.wikipedia.org/wiki/Agrobacterium_tumefaciens

https://planet-vie.ens.fr/article/1483/transgenese-grace-agrobacterium-tumefaciens

http://www.snv.jussieu.fr/vie/dossiers/transgenese/agrobacterium/agro.htm

APÊNDICES

APÊNDICE 1

Documentos adicionais AGP

Documento 1

"De uma forma mais geral, a partir do melhoramento das plantas domesticadas, estamos a assistir à erosão genética".

(Acelerado pela revolução verde).

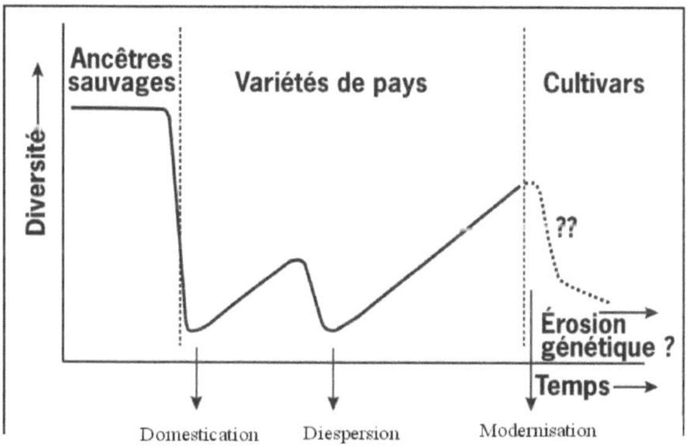

"Modèle de variations temporelles de diversité génétique pour une espèce de grande culture depuis les ancêtres sauvages jusqu'aux cultivars modernes (van de Wouw et al, Genetic erosion in crops, 2009)".

Documento 2

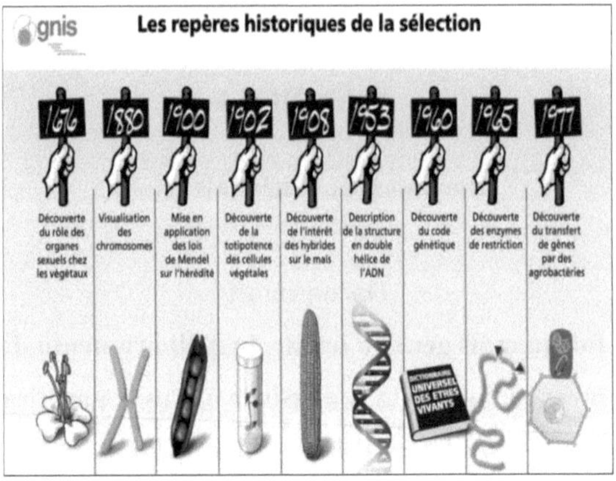

Documento 3

Plantes autogames. Schémas d'amélioration génétique
(Grignac et al., 1978)

Pedigree Sélection généalogique	SSD Sélection 'Single Seed Descent'	Bulk Sélection généalogique différée
1. Choix de 300 à 500 Épis dans F2	1. Prélèvement de 1 à 2 grains sur chaque plante F2	1. Récolte de la totalité des grains. Sélection des 2000 plus gros
2. Famille F3 (300 à 500) Choix sur résistance aux maladies et teneur en protéine des grains	2. Population F3 Prélèvement de 1 à 2 grains sur chaque plante	2. Population F3 Récolte de la totalité des grains. Sélection des 2000 plus gros
3. Famille F4 (20 à 50) choix sur résistance, rendement teneur en protéine	3. Population F4 Prélèvement de 1 à 2 grains sur chaque plante	3. Population F4 Récolte de la totalité des grains. Sélection des 2000 plus gros
4. Famille F5 (10 à 30) choix comme F4	4. Population F5 choix de 500 à 900 épis	4. Population F5 choix de 500 à 900 épis
5. Famille F6 (6 à 15) choix comme F4	5. Famille F6 (500 à 900) choix résistance maladie, teneur en protéine	5. Famille F6 (500 à 900) choix comme SSD
6. Familles F7 (5 à 12) choix comme F4	6. Familles F7 (20 à40) choix résistance maladie, teneur protéine, rendement	6. Familles F7 (20 à 30) idemF6
7. Famille F8 (4 à 8)	7. Famille F8 (10 à 20)	7. Famille F8 (10 à 20)

Documento 4

Seleção tardia da linhagem (ou método Bulk)

Etapas :

1. hibridação

2. Nenhuma seleção em F2

3. Fixação sem seleção (auto-fertilização de uma planta ao acaso em cada geração F3 auto-fertilização)

a F5)

5. seleção das melhores linhas após a fixação (F6 a F8)

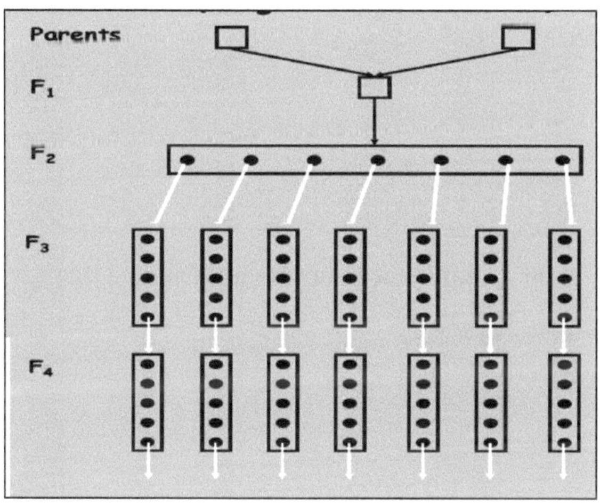

APÊNDICE 2

Elementos básicos da biologia molecular e da engenharia genética

a) Como é que se amplifica um gene de interesse?

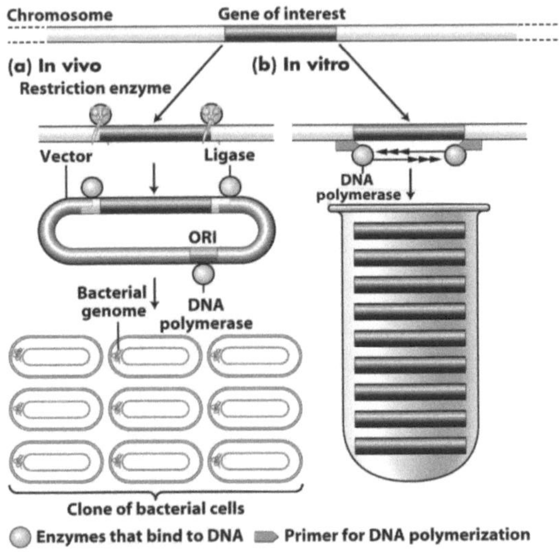

b) Amplificação in vivo utilizando ADN

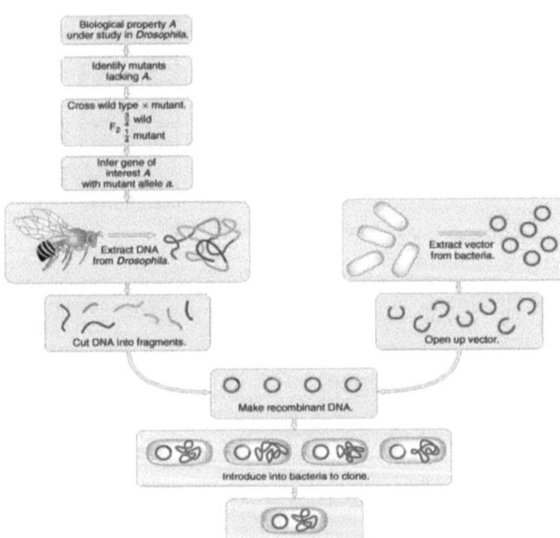

"A combinação de um vetor e de um ou mais fragmentos inseridos é designada por ADN recombinante. A mistura de ADN recombinante é então utilizada para transformar células bacterianas. Em geral, uma única molécula do vetor recombinante é inserida em cada célula bacteriana. Estas células espalham-se e multiplicam-se, formando colónias. Como resultado, uma colónia contém uma população muito grande . de inserções de ADN idênticas, sendo esta população designada por clone de ADN".

c) A construção do ADN recombinante

1- Tipos de ADN dador:

a) ADN genómico

b) ADN complementar (cDNA)

c) ADN obtido por síntese química

2- Cortar o ADN do dador e o vetor utilizando enzimas de restrição

3- ADN de ligação (ADN dador-vetor)

4- Amplificar cada ADN recombinante utilizando a maquinaria bacteriana

"Foi a descoberta e caraterização das enzimas de restrição que levou ao desenvolvimento da tecnologia do ADN recombinante. As enzimas de restrição são produzidas por bactérias e actuam como tesouras, cortando o ADN em sequências-alvo específicas".

Exemplo de um EcoRI cortado:

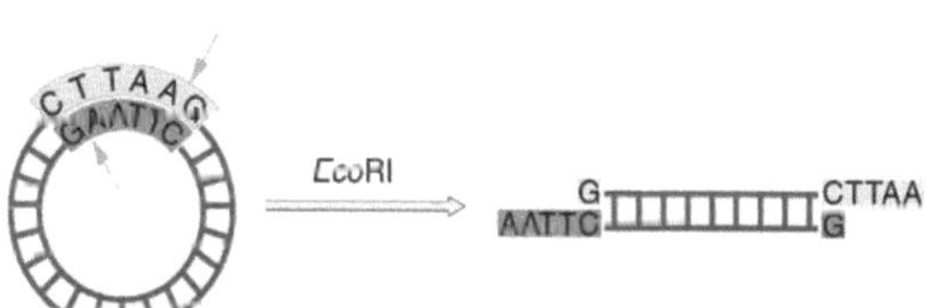

d) Enzimas de restrição na engenharia genética

Some restriction enzymes

Enzyme	Source organism	Restriction recognition site in double-stranded DNA	Structure of the cleaved products
(a)			
EcoRI	*Escherichia coli*	5′ —G—A—A—T—T—C— —C—T—T—A—A—G— 5′	—G 5′ A—A—T—T—C— —C—T—T—A—A 5′ G— 5′ overhang
PstI	*Providencia stuartii*	5′ —C—T—G—C—A—G— —G—A—C—G—T—C— 5′	—C—T—G—C—A 3′ G— —G 3′ A—C—G—T—C— 3′ overhang
SmaI	*Serratia marcescens*	5′ —C—C—C—G—G—G— —G—G—G—C—C—C— 5′	—C—C—C G—G—G— —G—G—G C—C—C— Blunt ends
(b)			
HaeIII	*Haemophilus aegyptius*	5′ —G—G—C—C— —C—C—G—G— 5′	—G—G 5′ C—C— —C—C 5′ G—G— Blunt ends
HpaII	*Haemophilus parainfluenzae*	5′ —C—C—G—G— —G—G—C—C— 5′	—C C—G—G— —G—G—C 5′ C— 5′ overhang

e) Produção de um plasmídeo de ADN quimérico

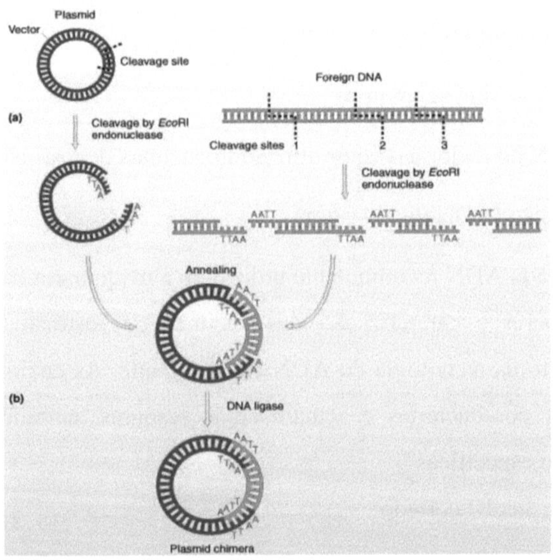

f) Amplificação do ADN recombinante

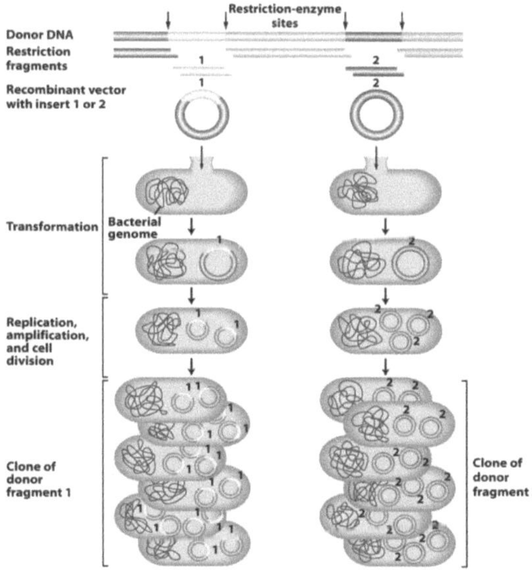

g) Escolha de um vetor de clonagem

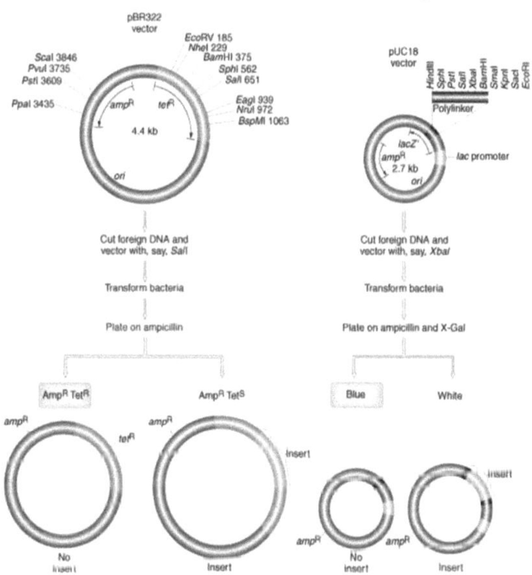

MIX
Papier aus verantwortungsvollen Quellen
Paper from responsible sources
FSC® C105338

Printed by Books on Demand GmbH, Norderstedt / Germany